懷舊小食 美味糖果 與

許正忠、周素華 著

C O N T E N T S

甜蜜&幸福的滋味

　　猶記童年的記憶中，每每年節喜慶時，看著商店裡五彩繽紛的糖果，和各式香氣撲鼻的糕餅，心中總有無限的期盼，若都能嚐上一口，那小小的心中便有滿滿的幸福。當然，現在的我不但有機會可以常常品嚐，更可藉由我的幸福記憶，做出讓大家都能喜愛的各式糖果與糕餅。

　　本書共分成糖果與糕餅、點心兩大類，在糖果中又包括了軟糖、酥糖、牛軋糖、硬糖、巧克力等五類；糕餅類則是以中式點心為主軸，分為酥皮類和非酥皮類，不管是糖果或糕點，每種產品依然秉持我一直的堅持－正確的配方；和簡單完整的作法，所以無論是有基礎者或是初學者，相信都能輕鬆上手，成功率極高。

　　此次特別感謝周素華老師的全力配合，才能使這本書順利完成，最後，期望大家都能在動手做這本書的產品時，也能感受到那最單純的甜蜜與幸福！

許正忠

分享的喜悅

　　本書的問世，除了是一展我多年所學的成績外，也希望能藉由本書的引薦，和各位同好互相切磋，分享；更希望書中所介紹的每種產品，能讓各位同好喜愛。

　　一本書的產生決非一己之力所能做到的，除了要感謝本工作室顧問許正忠老師的提攜之恩外，更要感謝橘子出版社社長程先生和各位同仁的幫忙及配合，如果沒有各位的辛勞就沒有這本書的產生。各位辛苦了！！

周素華

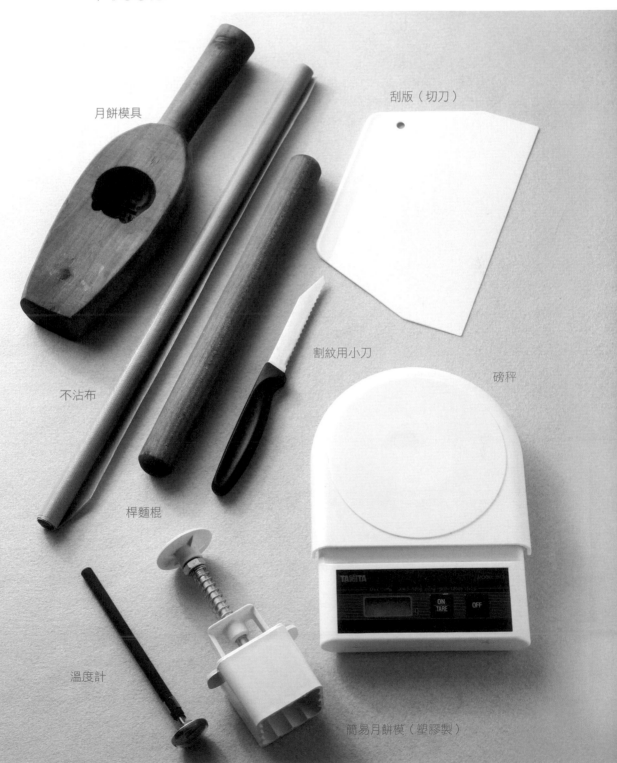

月餅模具

刮版（切刀）

不沾布

割紋用小刀

磅秤

桿麵棍

溫度計

簡易月餅模（塑膠製）

小食

SNACKS

Method
油皮油酥基本作法

★油皮作法：

1 將麵粉倒在工作檯上築粉牆。

2 將油、糖粉、水加入。

3 將油、糖粉、水拌勻。

4 利用刮板將所有材料拌揉均勻
至光滑，不沾手即可。（揉好的
麵糰軟硬度需和油酥相同）

5 揉勻的麵糰需用東西包覆住防
止風乾，待鬆弛 30 分鐘。

★油酥作法：

1 將油和過篩好的糖和低筋麵粉拌勻即可。

2 分割鬆弛後的油皮和油酥。

3 將油皮包上油酥（鬆弛 10 分鐘，往後每個動作間都需鬆弛一下）

4 桿捲 2 次。

PART1 — 酥皮類

芋頭酥

30 個

皮料：

油皮→中筋麵粉 300g、無水奶油 120g、糖粉 20g、鹽 3g、水 130g

油酥→低筋麵粉 300g、無水奶油 150g、少許芋頭香精

餡料： 芋頭餡 900g

作法：

1. 先將油皮築粉牆，揉至光滑，待鬆弛 30 分鐘後，分割為每個 36g。

2. 油酥拌勻，分割為每個 26g。（所有口味的皮料，都是在這個步驟一起加入拌勻，像抹茶粉、咖哩粉等）

3. 把油皮包油酥，桿捲 2 次，待鬆弛 30 分鐘後，一切為二，切口向上，沾少許手粉桿成圓形，紋路中心點要對中，包上芋頭餡 30g。

4. 放入烤箱中，以上火 160℃ / 下火 190℃烤 25 分鐘即可。

Tips

1. 此包法為明酥，又稱立酥，所以桿好的皮要注意紋路再包餡，才會漂亮。

2. 油皮容易風乾，所以桿捲操作時要用塑膠袋蓋好，避免風乾。

宇治金時酥 ③⓪個

皮料：

油皮→中筋麵粉 320g、無水奶油 120g、糖粉 40g、鹽 2g、水 130g

油酥→低筋麵粉 310g、無水奶油 140g、抹茶粉 20g

餡料：紅豆沙 900g

作法：

1. 先將油皮築粉牆，揉至光滑，待鬆弛 30 分鐘後，分割為每個 40g。

2. 油酥拌勻，分割為每個 34g。

3. 紅豆沙分割為每個 30g。

4. 把油皮包油酥，桿捲 2 次，待鬆弛 30 分鐘後，一切為二（縱切）。

5. 切面沾上少許手粉，先面向下，由中心處輕壓。

6. 兩頭向中心處收起，再桿成圓皮，包上豆沙餡。

7. 放入烤箱中，以上火 210℃ ～220℃ / 下火 180℃烤至稍微上色後，將上火歸 0 續烤，全部過程共烘烤約 30 分鐘。

Tips --

1. 此包法為明酥，又稱立酥，所以桿好的皮要注意紋路再包餡，才會漂亮。

2. 油皮容易風乾，所以桿捲操作時要用塑膠袋蓋好，避免風乾。

抹茶酥 ㉚個

皮料：

油皮→中筋麵粉 320g、無水奶油 125g、糖粉 25g、鹽 2g、水 135g

油酥→低筋麵粉 310g、抹茶粉 10g、無水奶油 140g

餡料： 綠茶餡 900g

作法：

1. 先將油皮築粉牆，揉至光滑，待鬆弛 30 分鐘後，分割為每個 40g。

2. 油酥拌勻，分割為每個 30g。

3. 紅豆沙分割為每個 30g。

4. 把油皮包油酥，桿捲 2 次，待鬆弛 30 分鐘後，一切為二。

5. 切面沾上少許手粉，先面向下，由中心處輕壓。

6. 兩頭向中心處收起，再桿成圓皮，包上豆沙餡。

7. 放入烤箱中，以上火 210℃ ～220℃ / 下火 180℃烤至稍微上色後，將上火歸 0 續烤，全部過程共烘烤約 30 分鐘。

Tips --

1. 此包法為明酥，又稱立酥，所以桿好的皮要注意紋路再包餡，才會漂亮。
2. 油皮容易風乾，所以桿捲操作時要用塑膠袋蓋好，避免風乾。

15

日式牛奶酥

16

 25 個

皮料：

油皮→中筋麵粉 300g、糖粉 24g、豬油 120g、溫水 120g

油酥→低筋麵粉 300g、豬油 150g

餡料：無水奶油 165g、糖粉 100g、蛋 90g、奶粉 280g、煉乳 18～35g

作法：

1. 先將所有餡料拌勻，分割為每個 30g。

2. 將油皮築粉牆，揉至光滑，待鬆弛 30 分鐘後，分割為每個 22g。

3. 油酥拌勻，分割為每個 18g。

4. 把油皮包油酥，桿捲 2 次，包入餡料，略整型為橢圓形，表面刷上蛋汁，用叉子畫紋路。

5. 放入烤箱中，以上火 170℃ / 下火 170℃烘烤 25～30 分鐘即可。

Tips

1. 油皮容易風乾，所以桿捲操作時要用塑膠袋蓋好，避免風乾。

2. 豬油可改為白油。

3. 煉乳是作為調整餡料的軟硬度使用。

小食・酥皮類
SNACKS
05

豆沙麻糬酥

30 個

皮料：

油皮→中筋麵粉 320g、無水奶油 120g、糖粉 40 g、鹽 2g、水 130g

油酥→低筋麵粉 320g、無水奶油 140g

餡料：紅豆沙 900g、小麻糬 30 個、白芝麻少許

表面塗層：蛋黃 3 顆

作法：

1. 先將油皮築粉牆，揉至光滑，待鬆弛 30 分鐘後，分割為每個 20g。

2. 油酥拌勻，分割為每個 17g；紅豆沙分割為每個 30g，包上 1 個小麻糬備用。

3. 把油皮包油酥，桿捲 2 次，待鬆弛 30 分鐘後，再桿成圓皮，包上豆沙麻糬。

4. 表面刷上蛋汁，沾裹少許芝麻。

5. 放入烤箱中，以上火 210℃ ～220℃ / 下火 180℃烤至上色後，將上火歸 0 續烤，全部過程共烘烤約 30 分鐘。

Tips ---

1. 刷在表面的蛋汁需先拌勻過篩，先刷 1 次，待微乾後再刷第 2 次。

2. 油皮容易風乾，所以桿捲操作時要用塑膠袋蓋好，避免風乾。

貴妃酥

30 個

皮料：

油皮→中筋麵粉 325g、無水奶油 125g、糖粉 50g、鹽 2g、水 130g

油酥→低筋麵粉 320g、無水奶油 140g

餡料：貴妃餡 1050g

表面裝飾：馬鈴薯片 (壓碎)

作法：

1. 先將油皮築粉牆，揉至光滑，待鬆弛 30 分鐘後，分割為每個 20g。

2. 油酥拌勻，分割為每個 15g；貴妃餡分割為每個 35g。

3. 把油皮包油酥，桿捲 2 次，待鬆弛 30 分鐘後，再桿成圓皮，包上貴妃餡。

4. 表面刷水，沾裹馬鈴薯片。

5. 放入烤箱中，以上火 210℃ ～220℃ / 下火 180℃烤至上色後，將上火歸 0 續烤，全部過程共烘烤約 30 分鐘。

Tips

1. 油皮容易風乾，所以桿捲操作時要用塑膠袋蓋好，避免風乾。

小食・酥皮類
SNACKS
07

黃金貴妃酥

30個

皮料：

油皮→中筋麵粉 325g、無水奶油 125g、糖粉 50g、鹽 2g、水 130g

油酥→低筋麵粉 290g、無水奶油 140g、黃金乳酪粉 30～50g

餡料：貴妃餡 1050g

作法：

1. 先將油皮築粉牆，揉至光滑，待鬆弛 30 分鐘後，分割為每個 40g。

2. 油酥拌勻，分割為每個 30g。

3. 貴妃餡分割為每個 35g。

4. 把油皮包油酥，桿捲 2 次，待鬆弛 30 分鐘後，一切為二（縱切），切面沾上少許手粉，再桿成圓皮，包上貴妃餡。

5. 放入烤箱中，以上火 210℃ ～220℃ / 下火 180℃烤至稍微上色後，將上火歸 0 續烤，全部過程共烘烤約 30 分鐘。

Tips ---

1. 油皮容易風乾，所以桿捲操作時要用塑膠袋蓋好，避免風乾。

2. 油皮包油酥作法可參考 p13 宇治金時酥。

棗泥佛手 ㉚個

皮料：

油皮→中筋麵粉 300g、無水奶油 120g、糖粉 17g、鹽 3g、水 130g

油酥→低筋麵粉 275～300g、無水奶油 150g

餡料： 棗泥豆沙 900g

作法：

1. 先將油皮築粉牆，揉至光滑，待鬆弛 30 分鐘後，分割為每個 20g。

2. 油酥拌勻，分割為每個 15g。

3. 把油皮包油酥，桿捲 2 次，待鬆弛 30 分鐘，包上豆沙餡 30g，收口向上，桿開成橢圓型後，切出斜紋路。

4. 對折，圈成圓型捏緊，整理站好。

5. 放入烤箱中，以上火 160℃ / 下火 190℃ 烤 25 分鐘即可。

21

Tips --

1. 烘烤時，中間需轉向兩次。

2. 油皮容易風乾，所以桿捲操作時，要用塑膠袋蓋好，避免風乾。

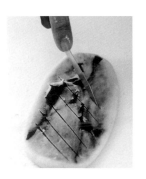  

客家擂茶酥 ③⑩個

皮料：

油皮→中筋麵粉 325g、無水奶油 125g、糖粉 50g、鹽 2g、水 130g

油酥→低筋麵粉 320g、無水奶油 140g

餡料：客家擂茶餡 1050g

表面裝飾：白芝麻 100g

作法：

1. 先將油皮築粉牆，揉至光滑，待鬆弛 30 分鐘後，分割為每個 20g。

2. 油酥拌勻，分割為每個 15g。

3. 擂茶餡分割為每個 35g。

4. 把油皮包油酥，桿捲 2 次，待鬆弛 30 分鐘後，再桿成圓皮，包上擂茶餡。

5. 表面刷水，沾裏白芝麻。

6. 放入烤箱中，以上火 210℃ ～220℃ / 下火 180℃ 烤至上色後，將上火歸 0 續烤，全部過程共烘烤約 30 分鐘。

Tips ---

1. 油皮容易風乾，所以桿捲操作時要用塑膠袋蓋好，避免風乾。

2. 若買不到擂茶餡，可用少許綠茶餡拌入擂茶堅果代替。

田園菜脯酥 (30)個

皮料：

油皮→中筋麵粉 325g、無水奶油 125g、糖粉 50g、鹽 2g、水 130g

油酥→低筋麵粉 320g、無水奶油 140g

餡料：菜脯餡 1050g

作法：

1. 先將油皮築粉牆，揉至光滑，待鬆弛 30 分鐘後，分割為每個 20g。

2. 油酥拌勻，分割為每個 15g。

3. 菜脯餡分割為每個 35g。

4. 把油皮包油酥，桿捲 2 次，待鬆弛 30 分鐘後，再桿成圓皮，包上菜脯餡。

5. 放入烤箱中，以上火 210℃ ～220℃ / 下火 180℃烤至上色後，將上火歸 0 續烤，全部過程共烘烤約 30 分鐘。

Tips --

1. 油皮容易風乾，所以桿捲操作時要用塑膠袋蓋好，避免風乾。

2. 菜脯餡可用香菇豆蓉，加入自己喜好口味的蘿蔔乾（切碎）。

蛋黃酥 (30)個

皮料：

油皮→中筋麵粉 320g、無水奶油 120g、糖粉 40 g、鹽 2g、水 130g

油酥→低筋麵粉 320g、無水奶油 140g

餡料： 紅豆沙 900g、鹹蛋黃 15 顆、芝麻少許

表面塗層： 蛋黃 3 顆

作法：

1.先將油皮築粉牆，揉至光滑，待鬆弛 30 分鐘後，分割為每個 20g。

2.油酥拌勻，分割為每個 17g。

3.鹹蛋黃先噴米酒，以上下火 150℃烤熟，出爐前再噴一次米酒，放涼，一切為二。

4.豆沙分割為每個 30g，包上半顆鹹蛋黃。

5.把油皮包油酥，桿捲 2 次，待鬆弛 30 分鐘後，再桿成圓皮，包上豆沙蛋黃餡。

6.表面刷上蛋黃 2 次，沾裹少許芝麻。

7.放入烤箱中，以上火 210℃ ～220℃ / 下火 180℃烤至上色後，將上火歸 0 續烤，全部過程共烘烤約 30 分鐘。

Tips --

1.刷在表面的蛋汁需先拌勻過篩，先刷 1 次，待微乾後再刷第 2 次。

2.油皮容易風乾，所以桿捲操作時要用塑膠袋蓋好，避免風乾。

| 咖 哩 酥 | ⑫個

皮料：

油皮→中筋麵粉 165g、糖粉 20g、無水奶油 60g、水 65g

油酥→低筋麵粉 120g、無水奶油 55g、咖哩粉 5g

餡料：咖哩餡 800g、素肉鬆 100g、熟白芝麻 30g、無水奶油 30g

作法：

1. 先將油皮築粉牆，揉至光滑，待鬆弛 30 分鐘後，分割為每個 25g。

2. 油酥拌勻，分割為每個 15g。（所有口味的皮料，都在這個步驟一起加入拌勻，如芋頭香精、抹茶粉等）

3. 白芝麻加無水奶油、加素肉鬆拌勻備用。

4. 咖哩餡分割為每個 70g，包入適量的作法 3。

5. 把油皮包油酥，桿捲 2 次，再桿成圓形，包入餡料，稍微壓扁。

6. 放入烤箱中，以上火 160℃ / 下火 180℃烘烤 35 分鐘即可。

Tips --

1. 表面可以蓋章裝飾（食用紅色素）。

2. 如無印章，可用 4 支筷子綁起來代替。

3. 油皮容易風乾，所以桿捲操作時要用塑膠袋蓋好，避免風乾。

綠豆凸 ②4個

皮料：

油皮→中筋麵粉 330g、糖粉 15g、白油 130g、水 130g

油酥→低筋麵粉 240g、白油 120g

餡料：

A. 綠豆餡 1500g

B. 無水奶油 50g、熟白芝麻（壓碎）50g、素肉鬆 100g

作法：

1. 先將油皮築粉牆，揉至光滑，待鬆弛 2 小時後，分割為每個 25g。

2. 油酥拌勻，分割為每個 15g。

3. 把餡料 B 拌勻，分割為每個 8g。

4. 先將綠豆餡分割為每個 60g 後，捏圓，放烤盤上，再挖個洞，填入餡料 B。

5. 把油皮包油酥，桿捲 2 次，待鬆弛 30 分鐘後，再桿開成圓形，包入一個綠豆餡後，稍微壓平。

6. 放入烤箱中，以上火 150℃ / 下火 180℃，先烤 20 分鐘，拿出烤盤轉向後，再烤 20 分鐘，共 40 分鐘。

Tips --

1. 作好時，表面可如咖哩酥一樣，蓋上色素印章。

2. 油皮容易風乾，所以桿捲操作時，要用塑膠袋蓋好，避免風乾。

小月娘 ③⓪個

皮料：

油皮→中筋麵粉 200g、糖粉 25g、無水奶油 80g、水 85g

油酥→低筋麵粉 265g、無水奶油 115g

餡料： 小月娘餡 600g、熟鹹蛋黃 20 顆

表面裝飾： 綠豆粉 100g、乳酪粉 30g（一起拌勻）

作法：

1. 先將油皮築粉牆，揉至光滑，待鬆弛 30 分鐘後，分割為每個 25g。

2. 油酥拌勻，分割為每個 25g。

3. 把油皮包油酥，桿捲 2 次，再分割為 2 個 (皮)。

4. 內餡分割為每個 20g，包上過篩後的蛋黃。

5. 一個皮包一個餡，包好後，表面噴水，撒上拌勻的綠豆乳酪粉。

6. 放入烤箱中，以上火 210℃ / 下火 160℃烤至上色，續以上火 180℃ / 下火 160℃續烤，烘烤過程共約 25 分鐘。

Tips --

1. 小月娘餡若不好買到，可至板橋旺達烘焙材料行購買。
2. 油皮容易風乾，所以桿捲操作時，要用塑膠袋蓋好，避免風乾。
3. 蛋黃先烤熟→放涼→網篩過篩為粉末狀。

蘇式椒鹽月餅

34

10個

皮料：

油皮→低筋麵粉 80g、高筋麵粉 20g、豬油 40g、糖粉 20g、水 37g

油酥→低筋麵粉 100g、豬油 50g

餡料： 熟麵粉 90g、豬油 85g、糖粉 80g、熟黑芝麻粉 80g、烤熟瓜子仁 25g
　　　花椒鹽 3g

表面裝飾： 黑芝麻 200g

作法：

1. 先將油皮築粉牆，揉至光滑，待鬆弛 30 分鐘後，分割為每個 18g。

2. 油酥拌勻，分割為每個 15g。

3. 餡料拌勻，分割為每個 36g。

4. 把油皮包油酥，桿捲 2 次，待鬆弛 30 分鐘後，桿成圓形，包入餡料，表面
　稍微壓扁，噴點水，沾裹上黑芝麻。

5. 放入烤箱中，以上火 180℃ / 下火 200℃烘烤，沾芝麻那面先向下烘烤 15 分
　鐘後，翻面，再續烤 15 分鐘即可。

Tips --

1. 油皮容易風乾，所以桿捲操作時，要用塑膠袋蓋好，避免風乾。

蘇式豆沙月餅

小食·酥皮類
SNACKS
16

35

20 個

皮料：

油皮→中筋麵粉 160g、豬油 50g、糖粉 40g、鹽 2g、水 60g

油酥→低筋麵粉 120g、豬油 80g

餡料：豆沙餡 800g

作法：

1. 先將油皮築粉牆，揉至光滑，待鬆弛 30 分鐘後，分割為每個 15g。

2. 油酥拌勻，分割為每個 10g。

3. 餡料，分割為 40g。

4. 把油皮包油酥，桿捲 2 次，待鬆弛 30 分鐘後，桿成圓形，包入餡料，稍微壓扁，表面可裝飾印章。

5. 放入烤箱中，以上火 180℃ / 下火 180℃烘烤約 28 分鐘。

Tips ---

1. 將豆沙餡改為棗泥餡，即為蘇式棗泥月餅。
2. 油皮容易風乾，所以桿捲操作時，要用塑膠袋蓋好，避免風乾。

平西餅

17

20個

皮料：

油皮→中筋麵粉 120g、糖粉 20g、水 48g、白油 48g

油酥→低筋麵粉 140g、白油 70g

餡料： 綠豆沙 230g、白豆沙 690g、奶油 50～80g

作法：

1. 先將油皮築粉牆，揉至光滑，待鬆弛 30 分鐘後，分割為每個 12g。

2. 油酥拌勻，分割為每個 10g。

3. 餡料揉勻（但不可打發），分割為每個 46g。

4. 把油皮包油酥，桿捲 2 次，待鬆弛 30 分鐘後，桿成圓形，包入餡料，稍微壓扁，表面可用印章裝飾。

5. 放入烤箱中，以上火 180℃ / 下火 180℃烘烤 35～40 分鐘。

Tips

1. 油皮容易風乾，所以桿捲操作時，要用塑膠袋蓋好，避免風乾。

太陽餅

皮料：

油皮→中筋麵粉 190g、無水奶油 50g、糖粉 8g、水 78g

油酥→低筋麵粉 130g、無水奶油 65g

餡料： 糖粉 90g、水麥芽 30g、奶油 25g、水 8g、低筋麵粉 40g

作法：

1. 先將將餡料揉勻，分割為每個 15g。

2. 將油皮築粉牆，揉至光滑，待鬆弛 30 分鐘後，分割為每個 25g。

3. 油酥拌勻，分割為每個 15g。

4. 把油皮包油酥，桿捲 2 次，待鬆弛 30 分鐘後，桿成圓形，包入餡料，稍微壓扁，表面刷上蛋黃。

5. 放入烤箱中，以上火 190 度 / 下火 160 度烘烤 20 分鐘即可。

Tips --

1. 油皮容易風乾，所以桿捲操作時，要用塑膠袋蓋好，避免風乾。

老婆餅 20個

皮料：

油皮→中筋麵粉 210g、無水奶油 80g、糖粉 25g、鹽 2g、水 85g

油酥→低筋麵粉 215g、無水奶油 95g

餡料：糕仔粉 200g、糖粉 240g、奶油 120g、沸水 270g

作法：

1. 先將油皮築粉牆，揉至光滑，待鬆弛 30 分鐘後，分割為每個 20g。

2. 油酥揉勻，分割為每個 15g。

3. 餡料中的沸水先加奶油拌勻，再加入糖粉、糕仔粉揉勻，放冰箱冷藏至涼，
   再分割為每個 40g。

4. 把油皮包油酥，桿捲 2 次，包入餡後，再桿開成約 10 公分的圓形，中間薄，
   四周厚，表面刷上蛋汁，用叉子戳洞到底。

5. 放入烤箱中，以上火 200℃ / 下火 180℃烘烤約 20 分鐘即可。

Tips --

1. 餡料中可加入少許桂花醬一起揉勻，更增添風味。
2. 將煉乳加水拌勻，可用來取代刷在表面的蛋汁。
3. 油皮容易風乾，所以桿捲操作時，要用塑膠袋蓋好，避免風乾。

PART2 — 非酥皮類

廣式蓮蓉蛋黃月餅

30 個

皮料：

A. 廣式糖漿 150g、花生油 50g、鹼油（水）4～7g

B. 低筋麵粉 230g（先過篩）

餡料： 蓮蓉 750g、鹹蛋黃（熟）30 克

表面塗層： 蛋黃 2 顆、全蛋 1 顆

作法：

1. 將皮料 A 拌勻備用。

2. 把皮料 B 築粉牆，加入 A 拌勻後，鬆弛 3 小時以上，再分割為每個 13g。

3. 餡每個分割為 25g，包入一個蛋黃；蛋汁拌勻後，過篩。

4. 將皮包入餡後，壓模，扣出，表面刷上蛋汁。

5. 放入烤箱中，以上火 220℃ / 下火 140℃烘烤 15 分鐘即可。

Tips

1. 拌勻的皮料可冷藏至隔天，但操作時需先揉勻，鬆弛 20 分鐘後再操作。

2. 若鹼油加的多，表皮顏色也會較深。

3. 可依各人喜好，把餡料改換成其他口味，如棗泥餡、伍仁餡…等，即為棗泥月餅、伍仁月餅。

桃山蔓越莓月餅 50個

皮料：

A. 奶油 100g、水 50g

B. 低糖白豆沙 900g

C. 植物鮮奶油 60g、蛋黃 130g

D. 糕仔粉 50～60g、鹽 1g、香草精少許、食用黃色素少許

E. 萊姆酒 20g

餡料：蔓越莓餡 1500g

作法：

1. 先將皮料 A 煮沸，離火，待涼後，加入皮料 B 揉勻，續加入皮料 C 揉勻，再加皮料 D 揉勻，最後加皮料 E 揉勻，待鬆弛半小時後，分割為每個 25g，包入餡料 30g。

2. 填放入月餅模具中，再扣出形狀。

3. 放入烤箱中，以上火 220℃ / 下火 0℃ 雙烤盤烘烤至上色即可，時間約 10 分鐘。

Tips --

1. 因為皮料也是豆沙製品，故不宜烤久，烤太久會裂開。
2. 因各廠牌豆沙餡不同，如皮料太軟，可用豆沙來作調整。
3. 用不完的皮料可冷藏保存，要用時，需再揉軟來使用。
4. 本書示範 2 種口味，將餡料改為綠茶餡 1500g 即為桃山綠茶月餅。

43

冰皮白玉貴妃

皮料：
A. 糖粉 320g、水 250g、香草粉 2g
B. 糕仔粉 210g、白油 65g

餡料：貴妃餡 1200g

作法：

1. 將皮料 A 拌勻築粉牆，加入 B 揉勻，待鬆弛 20 分鐘後，分割為每個 18～20g。

2. 包入餡料 30g 後，填入月餅模具中壓平，扣出，即可食用。

Tips ---

1. 皮的軟硬度可由發粉來調整。
2. 糕仔粉即熟糯米粉，亦稱鳳片粉。
3. 成品需冷藏後食用，風味更好。

冰皮白玉抹茶

 40個

皮料：

A. 糖粉 320g、水 250g、香草粉 2g

B. 糕仔粉 210g、白油 65g

餡料：抹茶餡 1200g

作法：

1. 將皮料 A 拌勻築粉牆，加入 B 揉勻，待鬆弛 20 分鐘後，分割為每個 18～20g。

2. 包入餡料 30g 後，填入月餅模具中壓平，扣出，即可食用。

Tips --

1. 皮的軟硬度可由發粉來調整。

2. 糕仔粉即熟糯米粉，亦稱鳳片粉。

3. 成品需冷藏後食用，風味更好。

蔓越莓巧克力月餅 ⑤⓪個

皮料：

A. 牛奶巧克力 300g

B. 苦甜巧克力 200g

餡料：

A. 蛋黃 80g、糖 60g（以上打發備用）

B. 牛奶 240g

C. 吉利丁片 5 片（先泡冰開水軟化，擰乾，隔水融化）

D. 檸檬汁 1/2 顆

E. 動物鮮奶油 240g（打至 6 分發備用）

F. 蔓越莓乾 50g（加少許萊姆酒拌勻）

作法：

1. 巧克力一起隔水融化，倒入模型中填滿，放入冰箱冷凍約 5 分鐘，取出，倒掉沒凝固的巧克力，再冷凍 3～5 分鐘形成硬殼。

2. 將餡料 B 煮至 90 度，沖進打發的餡料 A 中打勻，加進餡料 C 打勻，續加餡料 D 打勻，再加餡料 E 拌勻，最後加餡料 F 拌勻（冷卻至室溫備用）。

3. 將作法 2 填入巧克力模中 8 分滿，放入冷凍至硬取出，表面再次淋上融化的作法 1 至滿，抹平，再冷凍至硬，即可取出脫模。

Tips --

1. 視模型大小來決定冷凍時間長短。

2. 吉利丁泡冰開水需泡 10 分鐘。

3. 融化巧克力時，可先切碎較易融化。

4. 隔水加熱時，外鍋水不可以煮沸，否則巧克力會變質。

柳橙巧克力月餅 ⬤50個

皮料：

白巧克力 500g

餡料：

A. 吉利丁片 20g(先泡開水軟化 , 擰乾 , 隔水加熱)

B. 濃縮柳橙汁 40g

C. 動物鮮奶油 500g、糖 70g（一起打至 6 分發備用）

D. 蜜漬柳橙皮 30～50g

49

作法：

1. 巧克力隔水融化，倒入模型中填滿，放入冰箱冷凍約 5 分鐘，取出，倒掉沒凝固的巧克力，再冷凍 3～5 分鐘形成硬殼。

2. 將餡料 A 中依序加餡料 B 跟 C 拌勻，再加進餡料 D 一起拌勻。

3. 將作法 2 填入巧克力模中 8 分滿，放入冷凍至硬取出，表面再次淋上融化的作法 1 至滿，抹平，再冷凍至硬，即可取出脫模。

Tips --

1. 視模型大小來決定冷凍時間長短。

2. 吉利丁泡冰開水需泡 10 分鐘。

3. 融化巧克力時可將巧克力先敲碎，較易融化。

4. 隔水加熱時，外鍋水不可以煮沸，否則巧克力會變質。

鳳梨酥 60個

皮料：

A. 奶油 195g、無水奶油 130g、糖粉 180g（先過篩）、奶粉 90g

B. 蛋 150g

C. 中筋麵粉 750g、奶香粉 3g

餡料：鳳梨餡 1500g、奶油少許

作法：

1. 先將皮料 A 打發後，再把皮料 B 分 3 次加入繼續打發。

2. 皮料 C 過篩後，和作法 1 拌至 9 分勻。

3. 把皮分割成每個 22g。

4. 餡料揉勻，分割為每個 25g。

5. 將皮包入餡後，放入烤模中壓平。

6. 放入烤箱中，以上火 200℃ / 下火 200℃烘烤 15 分鐘後，翻面，再續烤約
   10 分鐘即可。

Tips --

1. 夏天可全部使用無水奶油，另外準備高筋麵粉當手粉，防止沾手。

2. 烘烤時，需連模框一起烘烤，待烤好時才脫模。

3. 可依各人喜好把餡料換成其他口味，如草莓、金桔、哈密瓜..等。即為草莓酥、金桔酥、
   哈密瓜酥。

4. 皮的部份要注意中筋麵粉加入時，若攪拌過度會較硬，且出油。

鳳凰酥 | 50 個

皮料：

A. 奶油 195g、無水奶油 130g、糖粉 180g（先過篩）、奶粉 90g

B. 蛋 150g

C. 中筋麵粉 750g、奶香粉 3g

餡料： 鳳梨餡 1200g、奶油少許、鹹蛋黃 25 顆

作法：

1. 先將皮料 A 打發後，再把皮料 B 分 3 次加入繼續打發。

2. 皮料 C 過篩後，和作法 1 拌至 9 分勻。

3. 把皮分割成每個 22g。

4. 蛋黃先噴酒，再用爐溫 150℃烘烤約 12 分鐘，待冷卻備用。

5. 內餡料加入蛋黃揉勻，再分割為每個 27g。

6. 將皮包入餡後，放入烤模中壓平。

7. 放入烤箱中，以上火 200℃ / 下火 200℃烘烤 15 分鐘後，翻面，再續烤約 10 分鐘即可。

Tips --

1. 夏天可全部使用無水奶油，另外準備高筋麵粉當手粉，防止沾手。

2. 烘烤時，需連模框一起烘烤，待烤好時才脫模。

桃酥 | 45個

皮料：

A. 低筋麵粉 660g、熟綠豆粉 200g、小蘇打粉 15g

B. 糖 300g、棉白糖 270～300g

C. 無水奶油 450g、碎核桃 180g、全蛋 130g

作法：

1. 皮料 A 先拌勻後，過篩。

2. 加進皮料 B 拌勻。

3. 再加 C 拌勻成糰，待鬆弛 30 分鐘後，分割為每個 50g。

4. 將麵糰搓圓，排放於烤盤中，麵糰中間戳孔不穿透。

5. 放入烤箱中，以上火 200℃ / 下火 150℃烤約 15 分鐘即可。

Tips --

1. 材料中的無水奶油可用其他油脂代替（傳統的桃酥是用豬油）。

2. 將材料 B 中的糖份量改為 200g，加黑糖 150g，加棉白糖 250g，即為黑糖桃酥。

小食・非酥皮類
SNACKS
10

白玉冰糕

個

皮料：

A. 無油綠豆餡 1000g、黃豆粉 250g、沙拉油 150g、鹽 7g

B. 烏豆沙餡 300g

作法：

1. 將皮料 A 拌勻，用粗網篩過篩。

2. 先取 1/2 滿的作法 1 填入月餅模中，填入適量的皮料 B 後，再把作法 1
   填滿月餅模，稍微壓平後，脫模，以大火蒸 3 分鐘即可。

翡翠冰糕

 40個

皮料：

A. 無油白豆沙 1000g、熟綠豆粉 180g、抹茶粉 30～50g、沙拉油 130g、鹽 5g

B. 烏豆沙餡 300g

作法：

1. 將皮料 A 拌勻，用粗網篩過篩。

2. 先取 1/2 滿的作法 1 填入月餅模中，填入適量的皮料 B 後，再把作法 1 填滿
   月餅模，稍微壓平後，脫模，以大火蒸 3 分鐘即可。

絞 巾 半 月 燒 ③⓪個

皮料：

A. 水晶粉 200g、水 200g（一起拌勻）

B. 麥芽糖漿 600g、水 200g

餡料：

紅豆粒餡 180g

蔓越莓餡 180g

作法：

1. 先將皮料 B 拌勻，煮沸，再沖入拌勻的皮料 A 中，蒸約 30 分鐘至透明，趁熱分割為每個 40g。

2. 分別包上 10～12 g 的餡料，放在塑膠袋中，包轉成茶巾狀，放涼後，即可冷凍保存，食用前 10 分鐘取出即可。

Tips --

1. 皮料需放在不沾布上一同蒸，才不會黏鍋，蒸好的皮料需趁熱割，建議戴一雙棉手套，再戴一雙手扒雞手套，沾少許沙拉油就不會沾黏。

2. 塑膠袋內需抹上少許油，防止沾黏。

3. 本書內餡示範 2 種口味（豆沙＆蔓越莓），也可依各人喜好換成其他口味。

竹香半月燒 ③⓪個

皮料：

A. 水晶粉 200g、水 200g

B. 麥芽糖漿 600g、水 200g

餡料：抹茶餡 360g

作法：

1. 先將皮料 B 拌勻，煮沸，再沖入拌勻的皮料 A 中，蒸約 30 分鐘至透明，趁熱分割為每個 40g。

2. 包上 10～12g 的餡料，放在桂竹葉中，對折，兩邊收起，折三折，收口以裝飾鐵絲綁緊，再蒸 3 分鐘，放涼後，即可冷凍保存，食用前 10 分鐘取出即可。

Tips

1. 皮料需放在不沾布上一同蒸，才不會黏鍋，蒸好的皮料需趁熱割，建議戴一雙棉手套，再戴一雙手扒雞手套，沾少許沙拉油就不會沾黏。

2. 桂竹葉需抹少許油，才不易沾黏，因粽葉是生的所以要再蒸過。

|梅酒酒果| 30個

皮料：

A. 御露粉 100g、糖 400g、水 1500g

B. 梅酒 100g

餡料：梅酒果肉 40g（可將梅酒果肉先切成小丁）

作法：

1. 將皮料 A 拌煮至沸，關火，待微降溫後加入皮料 B 拌勻，填入模型中冰鎮。

63

SNACKS
小食・非酥皮類
15

荔枝酒果 ③⓪個

皮料：

A: 御露粉 100g、糖 400g、水 1500g

B: 荔枝酒 100g

作法：

1. 同梅酒酒果作法。

Tips ------

1. 每種酒皆可拿來作酒果，但酒精濃度都不同，請依酒精濃度酌量增減酒的比例。

2. 如無酒果袋，可用小型果凍模代替。

3. 荔枝酒可改為紅酒，即為紅酒口味。

4. 如無御露粉可用蒟蒻果凍粉代替，果凍粉 22g、糖 160g、水 800g、酒類 500g。

糖 果

CANDY

about Sugar
糖的種類與特性

水麥芽→ 透明無色的水麥芽，適合用來製作各種糖果。

白糖→ 甘蔗汁溶解，去雜質後，經過多次結晶煉製而成，適合烘焙和製糖。

果糖→ 由水果中提煉出來的，甜度高。

黑糖→ 甘蔗汁經長時間的熬煮而成。

蜂蜜→ 經由蜜蜂的唾液將花蜜轉化為蜂蜜帶有特殊的香味。

糖質甜度（即味蕾感受到的甜度）

★★★　　**蔗糖** 100%

★★★★　**轉化糖** 80～130%

★★　　　**麥芽糖** 33～60%

★　　　　**乳糖** 16～28%

★★★★★　**果糖** 120～150%

★★　　　**葡萄糖** 50～70%

★　　　　**麥芽飴** 30%

煮糖溫度與糖漿性狀

煮糖溫度	含水率	糖漿冷卻性狀	應用產品
101.5℃	約 35%	細絲狀	
102.6℃	約 33%	粗絲狀	
105.0℃	約 30%	珍珠狀	洋菜軟糖
110.5℃	約 18%	吹泡狀	羊羹
111.3℃	約 17.5%	羽毛絲狀	明膠軟糖
113~11℃5	15~13%	軟球狀	糖霜
115~118℃	13~10%	球狀	福氣糖
120~130℃	10~5%	稍硬球狀	牛奶糖
130~132℃	5~4.5%	硬球狀	瑞士糖
135~138℃	4.5~4%	脆裂狀	牛軋糖
138~154℃	3~0%	硬裂狀	硬糖拉糖
160~180℃	0%	融化金黃黑褐色	焦糖色

糖果軟硬度與產品含水率間的關係

經熬煮沸騰過，具有一定型態固體狀之糖體。

硬糖：含水率 6% 以下，無結晶

半軟糖：含水率 6~10%，有結晶

凝膠軟糖：含水率 13~25%，凝膠體狀

以上資料參考來源：中華穀類食品工業技
術研究所牛軋糖專業班製作教材

糖果軟硬度與產品含水率有關

（一）一段式完成

如硬糖、傳統牛奶糖，熬煮完成，冷卻；切塊；包裝，硬度與最終熬煮溫度有關。

（二）多段式完成

如牛軋糖，是熬好糖漿再倒入打發蛋白中，加入花生與全脂奶粉，白色牛奶糖是熬好糖漿再和奶粉、奶油、明膠溶液，快速混合，其軟硬度與產品最終含水率有關。

（三）再乾燥完成

Method
5 種糖基本作法
軟糖、半硬糖、硬糖、酥糖、巧克力…

★軟糖作法：

1 將材料中的水麥芽、水、糖，一同煮至糖漿所需溫度。

2 鍋子離火，將堅果類材料加入鍋中。

3 倒於不沾布上反覆壓揉均勻。

4 利用不沾布包覆塑型成所需形狀，待冷卻後，即可切割。

★半硬糖（牛軋糖類）作法：

1 蛋白霜打至 8 分發。

2 將糖漿煮至所需溫度後，慢慢倒入蛋白霜中。

3 蛋白和糖漿快速拌勻。

4 將奶油加入拌勻。

5 將奶粉加入拌勻。

6 倒於不沾布上反覆桿壓。（此時就可以加入堅果）

7 冷卻後，切割出所需的大小。

＊半硬糖需隨室溫及添加物而調整煮糖的溫度，例如夏天煮糖漿的溫度就比冬天高約 2～4 度。

★硬糖（拉糖）作法：

1 將煮好的糖先降溫 1 分鐘。
（泡在冷水中）

2 將煮好的糖漿倒在矽力康布上，預留適量糖漿作為調色之用。

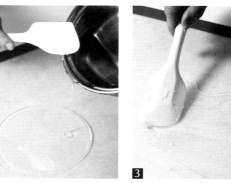

3 攤開糖漿讓溫度降一點，方便操作。

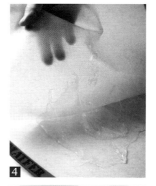

70

4 利用矽力康布的不沾黏特性反覆壓揉至成糰。

5 糖糰成型。

6 趁熱將糖糰拉折至有光澤（約 7～8 次）。

7 接著將糖塑型成想要的形狀。

＊矽力康布比不沾布的防沾黏功能更好。

★酥糖作法：

1 煮好的糖漿倒入堅果或爆米花中。

2 快速拌勻所有的材料。

3 趁熱放入模具中塑型，或桿成平盤，趁熱切割。

★巧克力作法：

1 先將巧克力切割成小塊後，隔水加熱融化（但外鍋水不可煮開）。

2 可直接塑型，或用於沾裏表面。

CANDY

PART1 — 軟糖類

糖果・軟糖類
CANDY
01

南棗核桃糕

皮料：

60 個

A. 水 40g、糖 35g、水麥芽 540g、鹽 4g

B. 棗泥醬 240g

C. 水 52g、太白粉 30g、洋菜粉 1/2 包（先拌勻）

D. 棗泥豆沙 240g（分為小塊）、奶油 40g

E. 熟碎核桃 400g

作法：

1. 先將皮料 A 煮沸，加入皮料 B 拌煮至再沸。

2. 接著加入皮料 C 繼續拌煮至濃稠。

3. 再加皮料 D 拌煮至濃稠不易流動狀（約 116～118℃）。

4. 將鍋子離火，加上 E 拌勻後，倒入模具中壓平，待冷卻後，切塊。

Tips

1. 切糖時，切刀需抹上少許的油，較不易沾黏。

2. 成品若太軟，則可切成小塊，利用微波或烤箱加熱軟化後，再從作法 3 重覆即可，但時間就不需太久，幾分鐘即可。（因為若未等糖軟化，直接重煮，非常容易燒焦）

桂圓核棗糕 75個

材料：

A. 水 60g、糖 50g、水麥芽 600g、鹽 5g

B. 棗泥醬 300g

C. 桂圓乾 300g、養樂多 180g

D. 樹薯粉 45g

E. 棗泥豆沙 220g、無水奶油 50g、桂圓香料 5g

F. 熟碎核桃 450g

作法：

1. 先將材料 C 煮沸，關火，待冷卻後，加入材料 D 拌勻，冷卻備用。

2. 把材料 A 煮沸，續加入材料 B 再煮沸，加入作法 1 拌勻，再加入 E 煮至濃稠，不易流動狀（約 116℃ ～118℃），離火，再加入材料 F 拌勻，放入模具中壓平，待冷卻後，切塊。

Tips --

1. 切糖時，切刀需抹上少許的油，較不易沾黏。

2. 樹薯粉也可用日本太白粉代替，口感較 Q。

芝麻飴

60 顆

材料：

A. 糖 160g、水麥芽 250g、水 200g、鹽 3g

B. 日本太白粉 150g、水 150g

C. 沙拉油 50g

D. 熟白芝麻 800g

作法：

1. 先將材料 B 拌勻。

2. 把材料 A 煮至 110℃後，沖進作法 1 中，快速拌勻回煮至透明狀，再加材料 C 拌至濃稠不易流動；不會沾鍋（約 118℃），離火，加入一半白芝麻。

3. 倒在不沾布上反覆壓折，放入平盤中壓平，切塊，趁熱沾裹剩餘的白芝麻。

糖果・奶烤類
CANDY
04

花生飴

顆

材料：

A. 糖 120g、海藻糖 80g、水麥芽 250g、水 200g、鹽 3g

B. 樹薯粉 100g、水 120g

C. 沙拉油 50g

D. 熟花生 600～800g（要以烤箱保溫）

作法：

1. 先將材料 B 拌勻。

2. 把材料 A 煮至 110℃後，先取 1/2 的量沖入作法 1 中，快速拌勻，再加其餘的 1/2 量拌勻，再回煮至透明狀，分次加入材料 C，拌煮至濃稠不易流動（約 116℃）。

3. 鍋子離火，加入材料 D 拌勻，倒在不沾布上拌壓均勻，移至平盤中壓平，切塊。

Tips ---

1. 糖果較易沾黏，需包上一層糯米紙。

2. 如果喜歡吃起來口感硬一點的，樹薯粉可加至 130～150g，不適用日本太白粉。

桂圓飴

材料：

A. 糖 160g、水麥芽 250g、水 200g、鹽 3g

B. 日本太白粉 150g、水 150g

C. 沙拉油 50g

D. 桂圓肉 300 g（加半瓶養樂多拌勻）

作法：

1. 先將材料 B 拌勻。

2. 把材料 A 煮至 110℃，沖進作法 1 中，快速拌勻，回煮至透明狀，再加材料 C 拌至濃稠不易流動；不會沾鍋（約 116℃），離火後，加入材料 D。

3. 倒在不沾布上反覆壓折，放入平盤中壓平，切塊。

糖果‧軟糖類
CANDY
06

新港飴

材料：

50顆

A. 水麥芽 450g、葡萄糖漿 70g、海藻糖 80g、水 200g、鹽 3g

B. 洋菜粉 5g、日本太白粉 25g、水 60g

C. 沙拉油 20g

D. 熟花生 250g

E. 熟太白粉 50g

作法：

1. 先將材料 A 煮至 110℃，加進材料 B 煮至透明狀。

2. 再加材料 C 煮至 118℃，離火，加材料 D 拌勻。

3. 接著倒在不沾布上，反覆壓揉均勻。

4. 慢慢整型為條狀後，分割為約一口的大小，沾裹材料 E 即可。

夏威夷軟糖

80

材料：

A. 水麥芽 600g、糖 150g、鹽 5g、水 150g

B. 太白粉 55g、洋菜粉 5g、水 80g

C. 沙拉油 30g、無水奶油 40g

D. 熟夏威夷果 700g（要用烤箱保溫）

作法：

1. 先將材料 B 拌勻。

2. 把材料 A 以中小火煮沸，沖進作法 1 中，快速拌勻，再回煮至濃稠透明狀（約 120℃），再加材料 C 拌勻，離火，加入材料 D。

3. 倒在不沾布上反覆壓折，放入平盤中壓平，切塊。

Tips

1. 本書示範 2 種口味，將材料 A 的糖 150g 改為糖 110g，加上黑糖 40g，再加上黑糖香精 5g，即為黑糖夏威夷軟糖。

歐式杏仁蜂蜜軟糖

80顆

材料：

A. 蜂蜜 250g、西點轉化糖漿 200g、水麥芽 60g、鹽 3g、動物鮮奶油 240g

B. 熟杏仁角 500g 或（椰子粉 500g）

C. 苦甜巧克力 100g、熟杏仁角 100g

作法：

1. 先將材料 A 煮至 125℃，再加進材料 B 拌勻。

2. 把鍋子離火，倒在不沾布上，重複壓揉均勻。

3. 整型為條狀切塊，把苦甜巧克力隔水加熱，讓它融化。

4. 把切塊的糖沾裹融化的苦甜巧克力，再沾裹上杏仁角（或椰子粉）。

Tips --

1. 「轉化糖漿」做中、西點時都可使用，用西點轉化糖漿較不會蓋掉蜂蜜的香味。

2. 切好的糖果，也可不做任何裝飾，只沾裹熟的玉米粉。

養生八寶軟糖 45顆

材料：

A. 水麥芽 60g、糖 150g、鹽 3g、水 90g

B. 日本太白粉 45g、水 75g

C. 無水奶油 30g、沙拉油 25g

D. 熟碎核桃 200g、熟杏仁片 200g、熟南瓜子 200g、熟黑芝麻 50g、
　　紅棗丁 60g、葡萄乾丁 60g、洗淨烤乾的枸杞 60g、蔓越莓丁 60g

作法：

1. 先材料 A 煮至 110～112℃。

2. 加入拌勻的材料 B 煮至濃稠不易流動。

3. 加入材料 C 再拌煮至 115℃，離火，加進材料 D 拌勻。

4. 倒在鋪不沾布的平盤中壓平，待冷卻後，即可切塊。

83

Tips --

1. 堅果需先烤熟保溫，果乾要保持乾燥。

2. 切好塊的糖果要先以糯米紙包好，再用包裝紙包起。

3. 芝麻用炒的較香。

4. 下材料 B 時，溫度不宜過高，溫度太高會結成小顆粒狀。

花生軟糖

 顆

材料：

A. 水麥芽 600g、糖 150g、鹽 5g、水 180g

B. 日本太白粉 55g、洋菜粉 5g、水 80g

C. 沙拉油 30g、無水奶油 40g

D. 熟花生 700g（要用烤箱保溫）

作法：

1. 先將材料 A 以中小火煮沸。

2. 再依序加入拌勻的材料 B，拌勻的材料 C。

3. 拌煮至 110～116℃，呈現濃稠不易流動狀後，將鍋子離火。

4. 此時加入材料 D 拌勻。

5. 倒於不沾布上揉壓後，放入模具中桿平，冷卻至隔天切塊。

Tips --

1. 模具中需先鋪上不沾布。

2. 煮糖的溫度，可視各人喜好的軟硬度，再來增減調整。

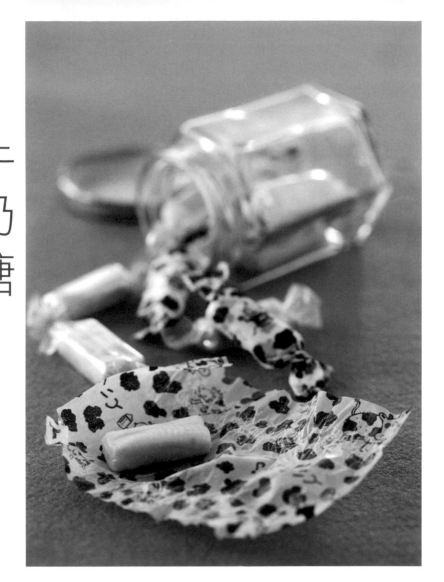

糖果・軟糖專輯
CANDY
11

牛奶糖

材料：

顆

A. 果糖 100g、水麥芽 60g、水 50g、鹽 2g、糖 130g

B. 三花奶水 100g、煉乳 60g

C. 無水奶油 25g

作法：

1. 先將材料 A 煮至 125℃。

2. 加入材料 B 後，再煮至 121℃。

3. 將材料 C 加入，離火，拌勻。

4. 倒於不沾布上壓揉。

5. 放至平盤中桿平，待降溫後，取出切塊。

寒天核果牛奶糖

材料：

A. 三花奶水 275g、西點轉化糖漿 100g、水 50g、洋菜粉 15g

B. 動物鮮奶油 500g

C. 水麥芽 200g、糖 200g、海藻糖 200g、水 90g、鹽 4g

D. 奶油 35g、牛奶醬 5g

E. 熟杏仁果 500g

作法：

1. 先將材料 A 拌勻。

2. 把材料 B 煮沸，沖進材料 A 中拌勻。

3. 將材料 C 拌煮至 150℃，加進作法 2 拌煮至濃稠，再加材料 D 拌勻。

4. 鍋子離火，倒入平盤中整型，表面填上熟的杏仁果，待降溫後，即可切塊。

Tips ---

1. 果仁也可直接加入作法 3 拌勻後，再接著作法 4 即可。

太妃糖

糖果 · 軟糖類
CANDY
13

87

材料：

50顆

A. 水 100g、糖 90g、鹽 3g、水麥芽 530g

B. 蛋白霜粉 50g、糖 25g、水 50g

C. 全脂奶粉 170g

D. 有鹽奶油 90g、牛奶醬 5g

作法：

1. 先將材料 B 拌勻，打至 8 分發。

2. 將材料 A 煮至 136℃，慢慢沖入作法 1 中再打發。

3. 依序加入材料 D、材料 C 打勻。

4. 倒在不沾布上揉勻，再填入平盤中桿平，待降溫後，即可切塊。

Tips --

1. 若想製作焦糖色的太妃糖，可將材料 A 中的細砂糖煮至深褐色，再和其他材料一起煮
   至 136℃。

吉利 QQ 軟糖

88

材料：

60 顆

A. 吉利丁片 100g、飲用水 300g

B. 糖 360g、水麥芽 520g、水 160g

C. 葡萄香精 4g、沸水 5g、檸檬酸 5g

作法：

1. 先將材料 A 拌勻；軟化後，隔水加熱溶化；保溫。

2. 將材料 B 煮至 118℃，加入作法 1 拌勻。

3. 依序加入材料 C（檸檬酸先和沸水混合）拌勻。

4. 倒入巧克力模中，待完全冷卻後，即可脫模。

Tips

1. 巧克力模內需先抹上少許沙拉油，脫模時比較容易。

2. 也可將材料倒於平盤中，靜置冷 8 小時，待凝固後，切塊，沾裹糖粉。

糖果・許德頭
CANDY
15

洋菜軟糖

130 顆

材料：

A. 洋菜 1 兩（約 37.5g）、水 2000g

B. 糖 1400g、水麥芽 350g

C. 葡萄香精少許

D 檸檬酸 2g、水 10g（拌勻後只取 7g 用）

作法：

1. 先將材料 A 煮至融化，加入材料 B 煮至 124～126℃。

2. 依序加入材料 C、材料 D 拌勻。

3. 倒在平盤中，待凝固後，脫模倒出，切塊。

Tips --

1. 模型可先鋪保鮮模，較易脫模。

2. 切塊後，可沾細砂糖，再風乾，保存更久。

三色軟糖 ⑨⓪顆

材料：

A. 洋菜 1 兩（約 37.5 g）、水 2000g

B. 糖 1500g、水麥芽 300g

C. 草莓香精、檸檬香精、檸檬酸各少許

D. 蛋白 4 顆

E. 深平盤 2 個

作法：

1. 把材料 A 先煮至洋菜完全融化。

2. 再加入材料 B 煮至 124℃ ～126℃，分為 3 鍋，分別是甲鍋 2/5、乙鍋 2/5、丙鍋 1/5。

3. 甲鍋加入少許草莓香精、檸檬酸拌勻後，倒入平盤中冷卻，凝固。

4. 乙鍋加入少許檸檬香精、檸檬酸拌勻後，倒入平盤中冷卻，凝固。

5. 丙鍋煮沸後，沖入打成棉花狀的材料 D 中，加入少許檸檬酸，再打兩分鐘。

6. 將熱的白色糖漿（丙鍋）倒在凝固的草莓平盤中。

7. 然後再把檸檬平盤脫模，蓋在還熱熱的作法 6。

8. 等凝固冷卻，脫模，切塊。

Tips ---

1. 需等檸檬口味與草莓口味的糖漿完全凝固，再去操作白色糖漿（若已凝固，可再以小火直接加熱）。

2. 白色糖漿部份即是所謂的洋菜棉花糖。

91

福氣軟糖

92

材料：

A. 水麥芽 600g、糖 150g、鹽 3g、水 90g

B. 日本太白粉 45g、水 75g（一起先拌勻）

C. 無水奶油 30g、沙拉油 25g

D. 熟杏仁片 290g、熟白芝麻 180g、熟腰果 210g、枸杞 180g

作法：

1. 先將材料 A 煮至 110～116℃，加上材料 B，煮至濃稠不易流動。

2. 加入材料 C 煮至 115℃後，離火。

3. 將材料 D 倒入，拌勻。

4. 倒於不沾布上壓揉，再移至平盤中壓平，待冷卻，即可切塊。

Tips

1. 下材料 B 時，溫度不宜過高，溫度太高會結成小顆粒狀。

2. 果乾要保持乾燥，堅果要先烤熟保溫。

吉利丁棉花糖

材料：

A. 水 410g、糖 500g、水麥芽 100g

B. 吉利丁片 85g、冷開水 260g（以上先泡軟後，剪成小塊備用）

C. 蛋白 200g

作法：

1. 先將材料 A 煮至 122℃。

2. 把材料 C 打至硬性發泡。

3. 將作法 1 沖進作法 2 中快速打勻後，趁熱分次加入材料 B 再打至完全融化。

4. 取一平盤，鋪上太白粉。

5. 將冷卻的棉花糖霜裝進擠花袋中，擠在太白粉上。

Tips

1. 棉花糖的形狀可擠成條狀，再剪斷或擠成球狀。

2. 可依各人喜好，加入自己喜愛的香精 。

洋菜棉花糖

材料：

A. 水 400g、洋菜 8g

B. 糖 300g , 水麥芽 60g

C. 蛋白 120g

作法：

1. 先將材料 A 煮至融化，加入材料 B 煮至 124～126℃。

2. 把材料 C 打至硬性發泡。

3. 將作法 1 慢慢沖至作法 2 中打勻，即成棉花糖霜。

4. 取一平盤，鋪上太白粉。

5. 將棉花糖霜裝進擠花袋中，擠在太白粉上。

Tips --

1. 棉花糖的形狀可擠成條狀，再剪斷或擠成球狀。

2. 可依各人喜好，加入自己喜愛的香精 。

瑞士糖

糖果 · 軟糖類
CANDY
20

50 顆

材料：

A. 吉利丁 30g、水 60g

B. 水 100g、細砂糖 300g、麥芽 180g、果糖 50 g

C. 奶油 30g、奶粉 30g

D. 水 100g、細砂糖 200 g、麥芽 150 g

作法：

1. 先將材料 A 泡軟備用。

2. 將材料 B 煮至 121℃後，和作法 1 一起放入攪拌缸，持續打至硬性變 Q。

3. 依序加入奶油、奶粉拌勻。

4. 材料 D 煮至 132℃後，和作法 3 拌勻，倒入平盤，冷藏，待凝結後，即可切塊，包裝。

桂花腰果軟糖

96

材料：

A. 熟腰果 1000g、乾燥桂花 10～15g

B. 水麥芽 600g、海藻糖 150g、鹽 3g、水 90g

C. 日本太白粉 45g、水 75g（一起先拌勻）

D. 無水奶油 30g、沙拉油 25g

作法：

1. 先將材料 B 煮至 110～116℃，加入材料 C，煮至濃稠不易流動。

2. 再加入材料 D 煮至 115℃，離火。

3. 將材料 A 倒入拌勻。

4. 倒於不沾布上壓揉後，再移至平盤中壓平，待冷卻後，切塊。

Tips --

1. 下材料 C 時，溫度不宜過高，溫度太高會結成小顆粒狀。

2. 堅果要先烤熟保溫。

3. 腰果亦可用松子或夏威夷豆代替。

芝麻堅果軟糖（豬腳糖）

糖果 · 軟糖類
CANDY
22

40塊

材料：

A. 水麥芽 550g、糖 200g、水 150g、鹽 5g

B. 日本太白粉 55g、洋菜粉 5g、水 80g

C. 沙拉油 40g、無水奶油 20g

D. 熟白芝麻 70g

作法：

1. 將材料 A 煮沸，依序加材料 B、材料 C 煮至 110～116℃，呈現濃稠不易流動狀。

2. 加材料 D 拌勻，待微降溫。

3. 取 1 個約十斤的耐熱塑膠袋，袋內均勻的塗抹上沙拉油。

4. 將完成的芝麻糖漿倒入塑膠袋中桿薄。

5. 剪開塑膠袋，灑上一排黑芝麻粉；或細堅果仁。

6. 捲成圓筒狀，切塊後，即可食用。

花生糖

材料：

A. 水麥芽 200g、糖 400g、鹽 3g、水 200g

B. 熟花生 1200g（要放烤箱保溫 140℃）

作法：

1. 將材料 A 煮至 140℃，離火，加入熟花生拌勻，倒在平盤中壓平，趁熱切塊。

Tips --

1. 可在平盤中鋪上不沾布，防止沾黏。

芝麻糖

材料：

A. 水麥芽 280g、糖 220g 、鹽 5g、水 110g

B. 沙拉油 15～20g

C. 黑芝麻 600g、白芝麻 150g（以上都先炒香保溫）

作法：

1. 將材料 A 煮至 142℃，離火，加入材料 B 拌勻，再加材料 C 拌勻，倒在平盤中壓平，趁熱切片。

Tips --

1. 可在平盤中鋪上不沾布，防止沾黏。

2. 芝麻壓平後會較紮實不易咀嚼，可切成薄片，口感特佳。

花生芝麻糖

材料：

A. 水麥芽 200g、糖 400g、鹽 3g、水 200g

B. 熟花生 1100g、熟黑芝麻 30g、熟白芝麻 30g（以上材料要放烤箱保溫）

作法：

1. 材料 A 煮至 140℃，離火，加入材料 B 拌勻，倒在平盤中壓平，趁熱切塊。

Tips --

1. 可在平盤中鋪上不沾布防止沾黏。

Candy 04
糖果 · 酥糖類

地瓜酥 塊

材料：

A. 水麥芽 250g、鹽 3g、糖 120g、水 90g

B. 奶油 40g

C. 市售炸好的薄地瓜片 150～250g（捏碎）

作法：

1. 先將材料 A 煮沸後，加進材料 B 煮至 125～128℃。

2. 將材料 C 放盆中，把上列成品趁熱放進，快速拌勻，填進有深度；並鋪有不沾布的烤盤中壓平，待微降溫後，脫模，切塊。

Tips --

1. 如買不到地瓜片，可將生地瓜刨成薄片，油炸至金黃酥脆，瀝乾油，再用紙巾吸乾油份。

2. 將材料中的糖改為 80g，加黑糖 50g，即為黑糖口味地瓜酥。

CANDY 05
糖果 · 酥糖類

山藥酥 40塊

材料:

A: 水麥芽 250g、鹽 3g、糖 120g、水 90g

B: 奶油 40g

C: 市售炸好的薄紫山藥片 150～250g（捏碎）

作法:

1. 先將材料 A 煮沸後,加進材料 B 煮至 125～128℃。

2. 將材料 C 放盆中,把上列成品趁熱放進,快速拌勻,填進有深度;並鋪有不沾布的烤盤中壓平,待微降溫後,脫模,切塊。

Tips

1. 如買不到紫山藥片,可將生山藥刨至薄片,油炸至金黃酥脆,瀝乾油,再用紙巾吸乾油份即可。

2. 把紫山藥片改成南瓜片,即為南瓜酥。

娃娃酥糖

材料：

 60 顆

A. 水麥芽 200g、糖 400g、鹽 3g、水 200g

B. 花生粉 600g（放烤箱以 130℃保溫）

作法：

1. 將材料 A 煮至 136℃，加入沙拉油 1 大匙拌勻，再加入花生粉拌壓勻，倒入平盤中壓平，趁熱切塊。

Tips

1. 可在平盤中鋪上不沾布防止沾黏。

糖果・酥糖類
CANDY
07

杏仁酥糖

材料：

 70塊

A. 糖 350g、水麥芽 200g、鹽 4g、水 150g

B. 厚杏仁片 1000g（以 140 度烤熟後，保溫）

作法：

1. 先將材料 A 煮至 138℃，離火後，加入材料 B，快速拌勻。

2. 倒入平盤中整型，不要壓實。

3. 趁熱切塊，待降溫後，馬上裝盒密封。

Tips

1. 平盤中可先鋪上一張抹上少許油的塑膠袋。

2. 薄片杏仁容易碎，不利於製作，另外，成品壓太緊實口感會太硬。

南瓜子酥糖

106

材料：

A. 糖 375g、水麥芽 200g、鹽 4g、水 150g

B. 南瓜子 900g、白芝麻 50g、蔓越莓丁 100g

70塊

作法：

1. 先將材料 B 中的南瓜子、白芝麻分別烤熟；拌勻。

2. 再加上蔓越莓丁拌勻，用烤箱以 150℃保溫。

3. 將材料 A 煮至 136℃，離火，加入材料 B 拌勻。

4. 倒入平盤中整型，趁熱切塊。

Tips --

1. 白芝麻也可以用小火乾炒，香氣會更濃郁。

2. 南瓜子在烤熟過程中，只要看到南瓜子膨脹即可，不需烤到上色。

三色腰果酥糖

70 塊

材料：

A. 水麥芽 200g、糖 400g、鹽 5g、水 200g

B. 腰果 900g、南瓜子 100g、白芝麻 30g

C. 蔓越莓丁 100g

作法：

1. 先將材料 B 分別烤熟；拌勻，然後保溫。

2. 把將材料 A 煮至 140℃；鍋子離火，依序加入材料 B 和材料 C 拌勻。

3. 倒平盤中稍壓平，趁熱切塊。

Tips --

1. 製作熟練後，本配方中的堅果量，也可再增加 150g，口感會更好。

大溪花生酥

80塊

材料：

A. 水麥芽 1000g、鹽 15g

B. 花生粉 1500～1800g

C. 熟黑芝麻粉 50g

作法：

1. 先將材料 A 煮至 115℃，加上 900g 的花生粉拌勻。

2. 桿開後，再抹上剩餘的花生粉於表面。

3. 三折 2 次或四折 2 次，不要超過 18 層為主，中間以黑芝麻粉或香菜當夾心。

Tips

1. 如用黃麥芽可以不用煮。

XO醬麥粒酥

材料：

 50塊

A. 水麥芽 90g、糖 60g、鹽 4g、葡萄糖漿 60g、水 60g

B. 奶油 25g

C. XO 醬 25g

D. 麥粒爆米花 280～320g、海苔粉 2g

作法：

1. 先將材料 A 煮沸，加入材料 B 煮至 125℃。

2. 依序加入材料 C、材料 D 拌勻。

3. 填入鳳梨酥模中壓平，待定型後，脫模。

4. 表面可裝飾少許海苔粉。

Tips ---

1. 鳳梨酥模需先抹上少許沙拉油，較好脫模。

2. 如無麥粒爆米花，也可用爆好的小米替代。

八寶酥糖 70顆

材料：

A. 碎核桃 200g、杏仁片 200g、南瓜子 200g、腰果 200g、黑芝麻 50g

B. 海苔粉 5g、蔓越莓 100g、枸杞 100g

C. 糖 200g、水麥芽 200g、海藻糖 100g、西點轉化糖漿 80g、鹽 3g、水 150g

D. 沙拉油 15g

作法：

1. 先將材料 A 分別烤熟；拌勻，保溫在 130～140℃。

2. 將材料 C 煮至 130℃時，加入材料 D 再煮至 135℃。

3. 鍋子離火，依序加入材料 A、和材料 B 拌勻。

4. 倒在平盤中整型，表面抹上少許沙拉油，趁熱切塊。

Tips --

1. 白芝麻也可以用小火乾炒，香氣會更濃郁。

2. 如無西點轉化糖漿，可用中點轉化糖漿代替，但顏色會較深。

3. 枸杞與蔓越莓需切開，更可增添酥糖的風味。

CANDY
糖果·酥糖類 13

芝麻花生米果 50塊

材料：

A. 水麥芽 90g、糖 90g、鹽 5g、葡萄糖漿 75g、水 55g

B. 奶油 25g

C. 熟花生 50g、熟黑芝麻 25g、米果 350～400g

作法：

1. 先將材料 A 煮沸，加入材料 B 煮至 125℃後，加材料 C 拌勻。

2. 趁熱填入圈形模中壓平，待涼後，即可脫模。

Tips --

1. 模型可先刷上少許沙拉油方便脫模。

CANDY 14
糖果・酥糖類

巧克力米果 30塊

材料：

A. 苦甜巧克力 100g、牛奶巧克力 300g

B. 米果 200g、碎蔓越莓乾 40g

作法：

1. 先將材料 A 隔水融化，再加入材料 B 拌勻。

2. 把小型圈模鋪在塑膠袋上，填上作法 1 壓平，冷藏 3 分鐘，脫模即完成。

紅麴米果

材料：

20塊

A. 水麥芽 90g、糖 90g、葡萄糖漿 80g、鹽 6g、水 90g

B. 紅麴粉 5g

C. 奶油 25g

D. 米果 300～320g、熟花生 50g

作法：

1. 把材料 A 煮至 125℃，加入材料 B 拌勻後，再加材料 C 拌勻，再加材料 D
   拌勻，倒入 20 吋圓形慕斯慕斯中壓平，冷卻後脫模。

Tips

1. 紅麴粉可先用少許冷開水拌勻，紅麴粉可在烘焙材料店購得。

2. 模型須先刷油，排於耐熱塑膠袋（或不沾布）上，較易脫模。

海苔米果

材料：

A. 水麥芽 90g、糖 90g、鹽 6g、葡萄糖漿 75g、水 55g

B. 奶油 25g

C. 海苔粉 12g

D. 米果 350～400g、熟芝麻 10g

作法：

1. 把材料 A 煮沸，加材料 B 煮至 125℃後，再加材料 D 拌匀，倒入鋪有不沾布的平盤中壓平，表面灑上海苔粉，降溫切塊。

Tips

1. 海苔粉可用熟白芝麻取代，即為芝麻口味。

2. 海苔粉亦可和米果先拌匀再加入。

Candy

PART3 － 牛軋糖類

糖果・牛軋糖類

CANDY 01

原味牛軋糖（蛋白作法）

90 顆

材料：

A. 糖 300g、水 90g、水麥芽 600g、鹽 6g

B. 蛋白 60g、糖 40g

C. 無水奶油 100g

D. 全脂奶粉 115g

E. 熟花生 600g（保溫）

作法：

1. 將材料 B 打至 8 分發。

2. 把材料 A 煮至 128℃ ～132℃，慢慢沖進作法 1 中，快速攪拌均勻。

3. 轉成慢速，依序加入材料 C，材料 D，材料 E，攪拌均勻。

Tips --

1. 把作法 D 中的奶粉 115g 改為奶粉 100g，抹茶 8～12g，即為蛋白抹茶牛軋糖作法。

2. 糖經過反覆壓折，口感會較 Q。

3. 堅果一定要保溫 (140～150℃)。

4. 把糖漿沖進蛋白霜打勻後，攪拌缸如有糖漿沾黏在鍋邊時，可在鍋外用噴槍微烤。

抹茶牛軋糖 80顆

材料：

A. 水 100g、糖 70g、鹽 3g、水麥芽 550g

B. 蛋白霜粉 50g、糖 25g、水 50g

C. 奶粉 130g、抹茶粉 20g

D. 有鹽奶油 100g

E. 熟杏仁粒 600g（先放烤箱保溫）

作法：

1. 將材料 A 煮至 132℃。

2. 把材料 B 打至硬性發泡後，慢慢將作法 1 沖入，快速攪拌均勻。

3. 轉成慢速，依序加入材料 C、材料 D、材料 E，攪拌均勻。

4. 倒在不沾布上反覆的壓折，再移至平盤中壓平，待涼即可切割。

119

Tips --

1. 把作法 C 中的奶粉 130g、抹茶粉 20g，改為奶粉 160 g，即為蛋白霜原味牛軋糖作法。

2. 糖經過反覆壓折，口感會較 Q。

3. 堅果一定要保溫（140℃ ～150℃）。

4. 糖漿沖進蛋白霜打勻後，攪拌缸如有糖漿沾黏在鍋邊時，可在鍋外用噴槍微烤。

| 巧 克 力 牛 軋 糖 | 80顆

材料：

A. 水 100g、糖 50g、鹽 5g、水麥芽 550g

B. 蛋白霜粉 50g、糖 25g、水 50g

C. 無水奶油 50g、深黑苦甜巧克力 100g（混在一起隔水加熱煮化）

D. 奶粉 130g、可可粉 30g

E. 熟花生 600g（先保溫）

作法：

1. 將材料 A 煮至 131℃。

2. 把材料 B 打至硬性發泡，慢慢將作法 1 沖入，快速攪拌均勻。

3. 轉成慢速，依序加入材料 C，材料 D，材料 E，攪拌均勻。

4. 倒在不沾布上反覆的壓折，再移至平盤中壓平，待涼即可切割。

Tips --

1. 堅果一定要保溫（放烤箱約 140～150℃）。

2. 糖經過反覆壓折，口感會較 Q。

3. 巧克力不可用調溫巧克力。

4. 糖漿沖進蛋白霜打勻後，攪拌缸如有糖漿沾黏在鍋邊時，可在鍋外用噴槍微烤。

玫瑰蔓越莓牛軋糖

122

材料：

A. 糖 70g、鹽 3g、水 100g、水麥芽 550g

B. 蛋白霜粉 50g、糖 25g、水 50g

C. 融化奶油 100g、牛奶醬 3～5g

D. 奶粉 175g

E. 蔓越莓 300g、乾燥玫瑰花瓣 1～2g

作法：

1. 先將材料 A 煮至 134℃，（夏天可煮至 136℃）。

2. 將材料 B 打至 8 分發，把作法 1 沖入後，再打發。

3. 依序拌入材料 C、材料 D 打勻，再加入材料 E 拌勻。

4. 倒在不沾布上揉勻，再放至平盤中整型，待稍冷卻後，即可切塊。

Tips --

1. 平盤中需鋪上不沾布，以防沾黏。

2. 作法 4 中經過揉壓的牛軋糖口感會較 Q。

糖果 · 牛軋糖類

CANDY

05

伯爵牛軋糖

材料：

 60 顆

A. 糖 70g、鹽 3g、水 100g、水麥芽 550g

B. 蛋白霜粉 50g、糖 25g、水 50g

C. 奶粉 170g、伯爵茶粉 5~7g

D. 有鹽奶油 100g（先隔水加熱融化）

作法：

1. 先將材料 A 煮至 138℃。

2. 將材料 B 打至 8 分發，把作法 1 沖入後，再打發。

3. 依序加入材料 D、材料 C 打勻。

4. 倒在不沾布上揉勻，再放至平盤中整型，待稍冷卻後，即可切塊。

Tips --

1. 平盤中需鋪上不沾布，以防沾黏。

2. 煮好的牛軋糖經過揉勻，口感會較 Q。

3. 茶葉中的單寧酸會讓糖變軟，所以煮糖時，溫度要煮至 138℃。

巧克力乳加 | 70 顆

材料：

A. 糖 70g , 鹽 3g , 水 100g , 水麥芽 550g

B. 蛋白霜粉 50g , 糖 25g , 水 50g

C. 奶粉 175g

D. 融化奶油 100g

E. 苦甜巧克力 650g（要隔水加熱融化）

作法：

1. 先將材料 A 煮至 132℃。

2. 將材料 B 打至 8 分發，把作法 1 沖入後，再打發。

3. 依序加入材料 D、材料 C 打勻。

4. 倒在不沾布上揉勻，再放至平盤中整型，待稍冷卻後，即可切塊。

5. 將切好的乳加沾裹上材料 E，待凝固即可。

Tips --

1. 平盤中需鋪上不沾布，以防沾黏。

2. 煮好的乳加糖經過揉勻，口感會較 Q。

歐式咖啡乳加

07

材料：

A. 糖 70g、鹽 3g、水 100g、水麥芽 550g

B. 蛋白霜粉 50g、糖 25g、水 50g

C. 即溶咖啡粉 25g、沸水 15g（一起拌勻備用）

D. 奶粉 150g

E. 融化奶油 100g、咖啡香精 5g

作法：

1. 先將材料 A 煮至 136℃。

2. 將材料 B 打至 8 分發，把作法 1 沖入後，再打發。

3. 依序加入材料 E、材料 C、和材料 D 打勻。

4. 倒在不沾布上揉勻，再放至平盤中整型，待稍冷卻後，即可切塊。

60 顆

Tips ---

1. 平盤中需鋪上不沾布，以防沾黏。

2. 煮好的乳加糖經過揉勻，口感會較 Q。

乾燥水果乳加

08

材料：

A. 糖 70g、鹽 3g、水 100g、水麥芽 550g

B. 蛋白霜粉 50g、糖 25g、水 50g

C. 奶粉 150g

D. 融化奶油 100g

E. 乾燥果乾 150～200g

作法：

1. 先將材料 A 煮至 134 度。

2. 將材料 B 打至 8 分發，把作法 1 沖入後，再打發。

3. 依序加材料 D、材料 C 打勻後，再加入材料 E 拌勻。

4. 倒在不沾布上揉勻，再放至平盤中整型，待稍冷卻後，即可切塊。

70 顆

Tips ---

1. 平盤中需鋪上不沾布，以防沾黏。

2. 煮好的乳加糖經過揉勻，口感會較 Q。

3. 果乾的選擇可依各人的喜好，挑選自己喜愛的種類。

PART4 — 硬糖類

薄荷糖

50 顆

材料：

A. 水 150g、糖 590g、水麥芽 180g

B. 薄荷香精半瓶蓋（5cc）

C. 綠色色膏少許

作法：

1. 先將材料 A 煮至 145℃，加入材料 B 再煮至 152℃。

2. 將鍋子離火，浸泡在冷水中約 1 分鐘降溫。

3. 加入少許綠色色膏拌勻。

4. 填入巧克力模中，待凝固後，脫模。

Tips

1. 巧克力模需先抹上少許沙拉油，會較方便脫模。

129

金柑糖 60顆

材料：

A. 糖 600g、水麥芽 180g、鹽 5g、水 150g

B. 草莓色膏或各色色膏適量

作法：

1. 先將材料 A 煮至 152℃後，浸泡冷水 1 分鐘降溫，取 1/5 拉折成白色糖糰，再分切成 4 條。

2. 再將糖漿倒於矽力康布上，取 4/5 量加上草莓色膏或各色色膏拌勻，拉折成紅色糖糰。

3. 紅色糖糰外黏上 4 條白色糖糰。用手拉成所需的粗細（直徑約 1.5cm），用剪刀剪成小塊狀，塑型為圓球狀。

4. 沾裹上細砂糖。

131

Tips --

1. 可用 120 瓦燭光的燈來保持糖糰的溫度，較好操作。

2. 如使用色膏，可在矽力康布上直接加進糖漿中揉勻；但如使用水性色漿，要在糖漿快煮好時，加進同時煮。

3. 如果糖果無法順利沾黏上細砂糖，可先過水後再沾。

拐杖糖 15支

材料：

A. 糖 600g、水麥芽 180g、鹽 4g、水 150g

B. 草莓色膏適量

作法：

1. 先將材料 A 煮至 152℃後，浸泡冷水 1 分鐘降溫，取 4/5 拉折成白色糖糰。

2. 將糖漿倒於矽力康布上，取 1/5 量加上草莓色膏拌勻，拉折成紅色糖糰，再分切成 4 條。

3. 白色糖糰外黏上 4 條紅色糖糰。

4. 用手拉成所需的粗細（直徑約 0.7cm）。

5. 再拉長扭成麻花狀，用剪刀剪成適當長度（約 15cm），塑型為拐杖狀。

Tips ---

1. 可用 120 瓦燭光的燈來保持糖糰的溫度，較好操作。

2. 如果是使用色膏，可在矽力康布上直接加進糖漿中揉勻；但如果是使用水性色漿，要在糖漿快煮好時，加進同時煮。

草莓硬糖 60份

材料：

A. 糖 590g、水麥芽 100g、鹽 4g、水 150g

B. 檸檬酸 1g、水 5g（拌勻後，只取 3g 用）

C. 草莓色膏少許

作法：

1. 先將材料 A 煮至 152℃，加入材料 C 拌勻。

2. 浸泡於冷水中，約 1 分鐘降溫。

3. 倒於矽力康布上，加入色膏，反覆揉壓成糖糰，再拉折數次。

4. 趁熱拉長成條狀後，用剪刀剪成小塊，沾裹上熟太白粉即可。

135

Tips --

1. 可用 120 瓦燭光的燈來保持糖糰的溫度，較好操作。

2. 如果是使用色膏，可在矽力康布上直接加進糖漿中揉勻；但如果是使用水性色漿，要在糖漿快煮好時，加進同時煮。

材料：

A. 糖 300g、水麥芽 90g、水 90g

B. 甜酸梅 15 粒

CANDY 04 15 支
糖果．硬糖類

| 棒 棒 糖 |

作法：

1.先將材料 A 煮至 152℃。

2.將鍋子離火，浸泡於冷水約 1 分鐘來降低溫度。

3.將糖漿分次倒於不沾布上，分為數個。

4.填上材料 B 和棒子，淋上少許糖漿，待凝固即可。

CANDY 06 ⑧串
糖果・硬糖類

糖葫蘆

材料：

A. 糖 200g、鹽 2g、水麥芽 60g、水 60g

B. 聖女小番茄、葡萄

作法：

1. 先將材料 A 煮至 152℃。

2. 將鍋子離火，浸泡在冷水中約 1 分鐘來降低溫度。

3. 將水果用長竹籤串起。

4. 沾裹上糖漿，放置於冰塊水中快速降溫，冰鎮後取出即可。

Tips --

1. 適用的水果像草莓、香蕉…等，較不易出水的水果都適用，蜜餞類也可。

水果硬糖

材料：

40 顆

A. 水麥芽 180g、糖 600g、水 180g、鹽 4g

B. 水果香精適量

C. 檸檬酸 1g、水 5g（拌勻後只取 3g 用）

作法：

1. 先將材料 A 煮至 152℃，依序加入材料 B、材料 C 拌勻。

2. 將鍋子離火，浸泡在冷水中降溫。

3. 填入巧克力模中，待凝固後，脫模。

Tips --

1. 巧克力模需先抹上少許沙拉油，會較方便脫模。

綠茶糖

材料：

 20 顆

A. 綠茶包 1 個、沸水 100g

B. 糖 300g、水麥芽 90g

作法：

1. 先將材料 A 浸泡 10 分鐘後，取出茶包擰乾，剪開備用。

2. 材料 B 加入茶汁 90g，煮至 152℃。

3. 再加材料 A 中茶包內 1/2 的茶葉拌勻。

4. 離火後，浸泡在冷水中，約 1 分鐘降溫。

5. 填入巧克力模中，待凝固，即可脫模。

Tips --

1. 巧克力模需先抹上少許沙拉油，會較方便脫模。

CANDY

PART5 — 巧克力類

松露巧克力

材料：

A. 牛奶巧克力 100g、深黑苦甜巧克力 150g、動物鮮奶油 200g

B. 防潮可可粉適量

作法：

1. 材料 A 小火煮至全部均勻融化，不需沸騰，倒在平盤中，待其凝固，切塊。

2. 均勻的沾裹上防潮可可粉即可。

Tips --

1. 平盤中可先鋪上一張塑膠袋，防止沾黏。

2. 宜在冬天食用，成品請冷藏保存。

椰子巧克力球

142

材料：

A. 鮮奶油 120g、奶油 20g、糖粉 25g、全脂奶粉 40g

B. 蛋黃 1 顆

C. 牛奶巧克力 280g、深黑苦甜巧克力 75g

D. 椰子粉 100g

作法：

1. 將材料 1 全部拌勻，小火煮至完全溶解後，降溫至 60℃，加上材料 B 拌勻。

2. 材料 C 隔水加熱，待融化，加入作法 1 拌勻。

3. 倒在平盤中降溫至完全冷卻，用小湯匙挖出，揉成圓球狀。

4. 再均勻沾裹上材料 D 即可。

Tips ---

1. 也可擠成長條形，再沾裹椰子粉。

2. 搓揉成過程最好戴塑膠手套較不易沾黏。

糖果・巧克力類
CANDY

03

軟心巧克力

材料：

A. 牛奶巧克力 150g、深黑苦甜巧克力 80g、動物鮮奶油 90g

B. 苦甜巧克力 200g

C. 優格巧克力少許

作法：

1. 先將 B 苦甜巧克力隔水加熱，待融化備用。

2. 將材料 A 一起以小火煮至完全融合，不需沸騰，倒在平盤中，待其凝固，切塊。

3. 沾裹上作法 1，待其凝固即可。

4. 將材料 C 隔水融化→裝入小擠花袋中→在凝固的作法 3 上擠上裝飾線條。

Tips ---

1. 夏天製作時，可將作法 2 先放入冷藏，加速凝固，但不能冰太久，否則會有水氣，不
   利於沾裹外層巧克力。

糖果‧巧克力類
CANDY

04

核桃巧克力

144

材料：

A. 牛奶巧克力 200g、深黑苦甜巧克力 50g

B. 熟 1/2 核桃 200g

作法：

1. 將材料 A 一起隔水加熱，使其融化。

2. 把材料 B 均勻沾裹上作法 1，置於網架上，待其凝固即可。

Tips ---

1. 隔水加熱前，巧克力可先切小塊，或切碎，較易融化。

2. 隔水加熱外鍋之水不可煮沸，否則溫度過高，巧克力容易變質。

糖果・巧克力類
CANDY
05

玉米片巧克力

材料：

A. 牛奶巧克力 200g

B. 市售早餐用即食玉米片 120g

作法：

1. 將巧克力隔水加熱，待融化，加玉米片拌勻，填入小型圈模中，待其凝固後，
脫模。

Tips --

1. 可用製冰盒代替模型。

2. 部份玉米片亦可用蜜餞水果、葡萄乾等代替，也會另有一番風味。

糖果・巧克力類
CANDY
06

白巧克力花生糖

146

材料:

A. 白巧克力 250g

B. 烤熟花生 300g

作法:

1. 將巧克力隔水加熱,待融化,加上烤熟花生拌勻,用小湯匙挖放在不沾布
   上,待其凝固即可。

Tips --

1. 成品亦可製作成盤形,待其自然冷卻凝固後,切成長條糖果狀,再用糖果紙包裝完成。

杏仁角牛奶巧克力

材料：

A. 牛奶巧克力 250g

B. 烤熟杏仁角 300g

作法：

1. 將牛奶巧克力隔水加熱，待融化，加上烤熟杏仁角拌勻，用小湯匙挖填至製冰盒中，待其凝固後，即可脫模。

三色巧克力

材料：

A. 優格巧克力 60g、薄荷巧克力 60g、牛奶巧克力 60g

B. 巧克力模 1 個

作法：

1. 將三種巧克力分別隔水加熱，使其融化，再分別裝入 3 個擠花袋中。

2. 巧克力模中先擠上 1/3 滿的優格巧克力，冷凍 3 分鐘。

3. 再取出巧克力模，擠上薄荷巧克力至 2/3 滿，冷凍 3 分鐘。

4. 取出再擠上牛奶巧克力至全滿，冷凍至硬，即可脫模。

Tips --

1. 製作時，三種巧克力儘量使用同廠牌，成品重後之外觀、口感較好。

巧克力棒棒糖

材料：

牛奶巧克力 250g、優格巧克力 100g

作法：

1. 兩種巧克力分別隔水加熱，使其融化，再分別裝入擠花袋中。

2. 先在模中擠上優格巧克力，冷凍 1 分鐘，待其凝固。

3. 再填上牛奶巧克力後，放上小棒子，待其凝固即可。

Tips --

1. 也可依各人口味，材料中多加上草莓巧克力，或薄荷巧克力，讓棒棒糖的顏色更繽紛。

2. 用塑膠巧克力模製作成品，若表面光澤不夠，可用棉花擦拭模型後再製作。

懷舊小食與美味糖果

作　　　者　許正忠、周素華
攝　　　影　蕭維剛

發　行　人　程安琪
總　策　畫　程顯灝
總　編　輯　呂增娣
主　　　編　徐詩淵
編　　　輯　林憶欣、黃莛勻、鍾宜芳、吳雅芳
美 術 主 編　劉錦堂
美 術 編 輯　吳靖玟、劉庭安
行 銷 總 監　呂增慧
資 深 行 銷　謝儀方、吳孟蓉

發　行　部　侯莉莉
財　務　部　許麗娟、陳美齡
印　　　務　許丁財
出　版　者　橘子文化事業有限公司

總　代　理　三友圖書有限公司
地　　　址　106台北市安和路2段213號4樓
電　　　話　(02) 2377-4155
傳　　　真　(02) 2377-4355
E - m a i l　service@sanyau.com.tw
郵 政 劃 撥　05844889 三友圖書有限公司

總　經　銷　大和書報圖書股份有限公司
地　　　址　新北市新莊區五工五路2號
電　　　話　(02) 8990-2588
傳　　　真　(02) 2299-7900

製　　　版　興旺彩色印刷製版有限公司
印　　　刷　鴻海科技印刷股份有限公司

初　　　版　2019年05月
定　　　價　新台幣 380元
I S B N　978-986-364-143-8（平裝）

SAN YAU
http://www.ju-zi.com.tw
三友圖書
友直 友諒 友多聞

國家圖書館出版品預行編目 (CIP) 資料

懷舊小食與美味糖果 / 許正忠、周素華作.
-- 初版 . -- 臺北市：橘子文化, 2019.05
　　面；　公分
ISBN 978-986-364-143-8（平裝）

1. 點心食譜 2. 糕 3. 餅 4. 糖果

427.16　　　　　　　　　　108006942